小朋友，风筝与高压接触是
非常危险的……

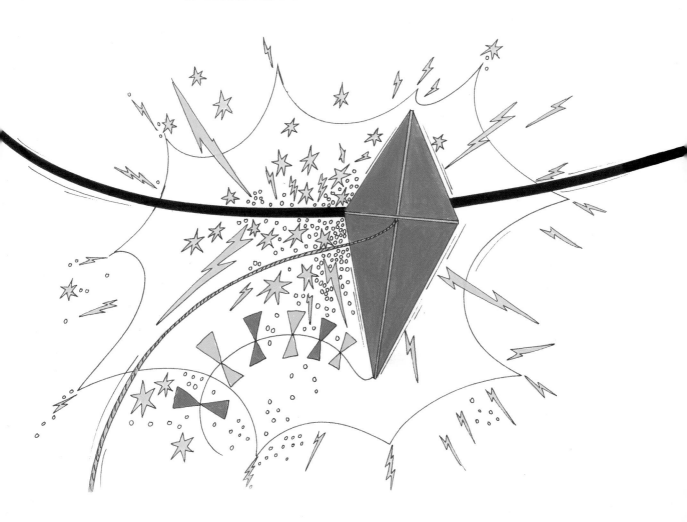

图书在版编目 (CIP) 数据

危险的高压电线 / (英) 格里芬著；李小玲译.—深
圳：海天出版社, 2016.8
（孩子，小心危险）
ISBN 978-7-5507-1616-2

Ⅰ.①危… Ⅱ.①格… ②李… Ⅲ.①安全教育－儿
童读物 Ⅳ.①X956-49

中国版本图书馆CIP数据核字(2016)第085661号

版权登记号　图字 :19-2016-095 号

危险的高压电线
WEIXIAN DE GAOYA DIANXIAN

出 品 人　聂雄前
责任编辑　顾童乔　张绪华
责任技编　梁立新
封面设计　蒙丹广告

出版发行　海天出版社
地　　址　深圳市彩田南路海天综合大厦(518033)
网　　址　www.htph.com.cn
订购电话　0755-83460202（批发）0755-83460239（邮购）
设计制作　蒙丹广告0755-82027867
印　　刷　深圳市希望印务有限公司
开　　本　787mm×1092mm 1/24
印　　张　1.33
字　　数　37千
版　　次　2016年8月第1版
印　　次　2016年8月第1次
定　　价　19.80元

危险的高压电线

[英]哈德利·格里芬◎著　　李小玲◎译

海天出版社（中国·深圳）

一个秋日的早晨，兔子哈利和他的朋友虾猫、土豆狗一起在花园里清扫落叶。哈利忽然停下来："快看那边那些树叶，正打着旋儿飘下来。"

哈利一边后退一边清扫落叶，一不小心卷进了晾衣绳上的床单中。

"救命啊，救命啊！"哈利呼救，"我被可怕的怪兽偷袭了，它要吃掉我啦！"

他满地打滚，不停地拍打双手，结果被床单越裹越紧。而且他越恐慌就被包得越紧。

5

　　"快来救我啊，我不能呼吸了！"床单内传来瓮声瓮气的求救声。虾猫、土豆狗急忙跑过来，解开了裹在哈利身上的床单，让他的头先露了出来。

"啊，感觉好多了！"哈利长长地舒了一口气，"我快要窒息了！"

　　"你是说'窒息'吗？你可是'无敌兔'呀！"虾猫一边偷笑着，
一边将哈利从可怕的床单中彻底解救出来。

　　"看吧，所有的树叶又在花园满地跑了，"哈利抱怨道，"每次我
们刚把它们拢成一堆，风就又把它们吹得满地都是。真的好讨厌！"

"我们把落叶收集起来，然后拿它们去堆肥。"虾猫一边建议一边抱起落叶放进手推车中。

"好主意！"土豆狗接话，"这样，它们就会腐烂变成肥料，再也不能飞了，对吧？"

"是的，土豆狗！"虾猫叹了口气，"狗怎么能这么笨啊？"她在心里嘀咕。

"看，我从这儿抱了好多。"哈利炫耀着，抱着树叶冲出了花园。

　　"我抱的是你的三到四倍。"土豆狗紧追哈利，其实他抱着的树叶跟哈利的一样多。但他不会计算，对于数字他总是傻傻搞不清。

　　哈利抱了太多树叶，搞得他都看不到前面的路了。这不，他一下子踩到了钉耙，钉耙的把子猛地竖了起来，"砰！"直接打在了他的脸上。

　　"哎哟！疼死我了！"哈利叫了起来，"咚"地一下倒在了地上，并且撞到了头，怀里的树叶也四处乱飞起来。

"你这只莽撞的兔子！"虾猫责备道，"你怎么不看路呀？"

"莽撞的兔子！"鹦鹉皮洛调侃道。

哈利仰躺在地上，望着天空，喃喃自语："我看到数不清的星星！"

　　"这一点儿也不奇怪，"虾猫笑着说，"星星在你的眼睛里，因为你撞到了头。"

　　"对了！我们能去放风筝吗？"哈利问道，"风这么给力，风筝一定可以飞得很高！"

"这次能让我放线吗?"土豆狗请求。

　　"当然可以，土豆狗，但是你要保证不能松手让风筝飞走了。"虾猫回应。

　　"我去拿风筝！"哈利又没头没脑一阵风似的冲了出去。

　　不一会儿，哈利就带着风筝回来了。这天，风真的很大。哈利高高地举着风筝，慢慢放线，但是却被风筝带着渐渐离开了地面。"救命！快点，抓住我！我飞起来啦！"哈利叫喊着。

土豆狗抓住了哈利的一条腿，虾猫赶紧抓住另一条。

"飘了好远啊！"哈利兴奋地叫着。

"喔——吼！"

"千万不要松手，哈利，要不然风筝会飞走的！"土豆狗说。

“你们也不要放开我啊！”哈利喊道。

　　这时一阵狂风吹过，他们被带着飞过花园的大门，又被带到了邻近的原野，"喔——吼！"哈利又兴奋了起来，"太棒啦！一定不要放开我呀！"

"我们抓着你呢！"虾猫回答，她和土豆狗紧紧地抱着哈利的腿。

　　他们飘荡在原野上，风把他们和风筝吹到离家好远的地方。哈利、虾猫和土豆狗也不知道飘到了哪里，完全没有意识到正被吹向危险的高压输电线铁塔。

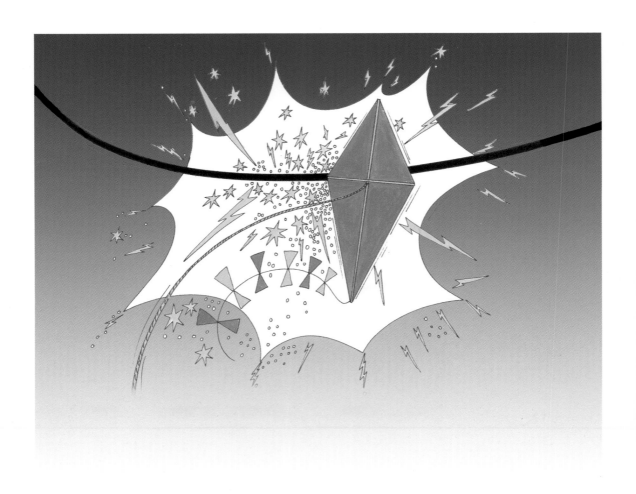

　　突然，风筝触到了高压线。他们的眼前闪过一道光，紧接着就听到了一声巨响。

他们三个人从空中跌落下来，瘫在了地上，吓坏了。

　　幸运的是，由于某种说不出的原因，他们伤得并不严重，但仍需要卧床休养好几个星期。实际上，这对他们来说，才是最大的打击。

Get well soon! ——早日康复!

家居安全注意事项

➤ 别让孩子在高压输电线铁塔、发电站和铁路附近玩耍。

➤ 让孩子在大人的视线范围内玩耍，他们需要你的保护。

➤ 及时给窗户上锁，移开窗户旁的家具以防孩子从窗户跌落下去。

➤ 幼童很容易窒息或者被呛到，让他们远离小物件。

➤ 妥善保管药品、漂白剂、松节油（国内油画家常用，是一种挥发性医用油）、氢氧化钠等，把它们锁起来或者放置在孩子够不到的地方。

➤ 提醒孩子注意门和侧面的玻璃区域可能造成严重伤害。

➤ 避免让孩子接触热水、咖啡和热汤等，以防烫伤。

➤ 给孩子放洗澡水时，记得要先放凉水再加热水。

➤ 妥善保管尖锐的工具，让它们远离孩童。

➤ 对加热的取暖设备和火（特别是明火），应当做好防护工作。

把印有"小心危险！"标识的贴纸贴在家中危险的地方，以便提醒孩子注意安全。